厨房里的技术宅：

写给美味的硬核情书

邹　熙　主编

食物技术革新：

从古早到未来

電子工業出版社·
Publishing House of Electronics Industry
北京·BEIJING

图书在版编目（CIP）数据

厨房里的技术宅：写给美味的硬核情书. 食物技术
革新：从古早到未来 / 邹熙主编. -- 北京：电子工业
出版社，2021.4
ISBN 978-7-121-40159-6

Ⅰ. ①厨… Ⅱ. ①邹… Ⅲ. ①食品 – 普及读物 Ⅳ.
①TS2-49

中国版本图书馆CIP数据核字（2021）第010869号

责任编辑：胡　南
印　　刷：河北迅捷佳彩印刷有限公司
装　　订：河北迅捷佳彩印刷有限公司
出版发行：电子工业出版社
　　　　　北京市海淀区万寿路173信箱　邮编100036
开　　本：720×1000　1/32　印张：8.875　字数：160千字
版　　次：2021年4月第1版
印　　次：2021年4月第1次印刷
定　　价：98.00元（全五册）

　　凡所购买电子工业出版社图书有缺损问题，请向购买书店
调换。若书店售缺，请与本社发行部联系，联系及邮购电话：
（010）88254888，88258888。
　　质量投诉请发邮件至zlts@phei.com.cn，盗版侵权举报请发邮件至
dbqq@phei.com.cn。
　　本书咨询联系方式：（010）88254210，influence@phei.com.cn，
微信号：yingxianglibook。

食物技术革新：
从古早到未来

　　食物的构成元素不算复杂，但现在我们看到的食物面貌却比它们原初的时候丰富得多，这大概就要归功于那些一直在革新着的食物技术。人们基于安全、口感或滋味的考虑会对许多食物进行再加工。最简单的加工如清洗、切割、修整或添加他物，更复杂一点的包括加热、冷却、罐藏甚至是 3D 打印，都极大地满足了人们的口腹之欲。于此，我们盘点了食物技术革新者们的故事。

　　汤姆·斯坦迪奇在《古代基因工程学：人造玉米》中用他丰富的知识证明玉米根本不是一种自然出现的食物，玉米更像是人造的。现代科学家将它的发展形容成人类在驯化与基因改良上最了不起的功绩。在《美食打印：来自 22 世纪的味道》中，我们可以看看作者与 3D 打印技术朝夕相处数周的种种情形，作者 A. J. 雅各布斯坚信，这项技术定能以超乎我们想象的方式改变这个世界。

食物技术革新者们的故事

整理｜纪宇彪

食物的构成不复杂，但呈现出来的样貌和味道却千差万别。借由进食，人类和生物获取了身体中所需的热量，也满足了各自的口腹之欲。

在《舌尖上的历史：食物、世界大事件与人类文明的起源》这本书中，作者汤姆·斯坦迪奇从一个迥异的角度去看历史，将它看成一串由食物导致、促成或影响的转变过程。他说："古往今来，食物所发挥的作用不只是让人填饱肚子而已。在社会转变、社会组织、地缘政治竞争、工业发展、军事冲突和经济冲突和经济扩张等转化过程中，食物都扮演了催化剂的角色。"

亚当·斯密把市场力量看作"看不见的手"，而汤姆·斯坦迪奇将食物对于历史的影响比作一把"隐形的叉子"，在历史好几个关键节点上，这把叉子戳刺人类，并改变人类命运。

"食物技术"则像是磨亮那把叉子的东西。

约 1.1 万年前，人类开始刻意栽培或养殖食物。近

年来，不断出现反对机械化农业对外在环境的破坏，和
支持有机农业和永续农业的声音。食物的生产源源不断，
食物的制备也持续革新。

　　虽然有些食物可以生食，但是人们基于安全、口感
或滋味的考虑会对许多食物进行再加工。最简单的加工
可能只是清洗、切割、修整或添加其他食物或材料，例
如香料。更复杂一点的，还包括搅拌、加热或冷却、蒸
发或者和其他食物结合。这些加工，有些是为了味觉、
美感，有些是为了保存食物，而有些还包含了文化意象。

食物的制备

　　食物的发酵： 法国化学家路易·巴斯德是首位发酵学
者。早在 1857 年，他将酵母与发酵联系了起来。巴斯德
最初将发酵定义为"无需空气的呼吸"。他说"一切发
酵过程都是微生物作用的结果"。巴斯德认为，酿酒是
发酵，是微生物在起作用；酒变质也是发酵，是另一类微
生物在作祟；随着科学技术的发展，可以用加热处理等方
法来杀死有害的微生物，防止酒变质。同时，也可以把
发酵的微生物分离出来，通过人工培养，根据不同的要
求去诱发各种类型的发酵，获得所需的发酵产品。德国
人毕希纳确定了引起发酵的原因在于酵母分泌了一种他

定义为"酿酶"的物质，他于 1907 年获得诺贝尔化学奖，其之后的研究则为丹麦嘉士伯的科学家所推动。在获取了足够的关于酵母和发酵的知识后，如今发酵的研究达到了分子生物学水平。

食物的冷冻：克莱伦斯·柏塞是现代冷冻食品的发明者。他不是厨师，而是一位有创业精神的生物学家，他运用科学原理改变我们的用餐方式。1912 年，柏塞在加拿大北极群岛旅行时，注意到当地依努依特人如何将刚捕获的鱼迅速冷冻到零度以下。这样一来，食物被解冻及食用时仍然保存着原本的风味。当时美国商业食品的冷藏温度要比这高许多，所以食物味道会发生改变。而柏塞发现，将食物速冻于极低的温度下能保持食物分子结构完好无损，从而留住食物的味道。柏塞回到美国后，成立了一家公司售卖速冻鱼。他的海鲜公司大获成功，他同时也将冷藏技术应用于水果和蔬菜，让美国人全年都能以低价获得这些食物。

食物的加热：使用微波来烹饪食物，首先由任职于雷神公司的培西·史宾赛想到。史宾赛为公司建造雷达设备的磁电管。一天，他在一个启动的雷达设备上工作时，突然发觉自己放在口袋里的花生巧克力融化了。经过一番思索和研究，他发现巧克力是被微波所融化，所以认为磁控管也能用来烹饪。19 世纪 60 年代，利顿电子公司设计了一种磁控管，将它应用于微波炉中，但利顿公司并未把微波炉的市场设想为家庭。而佐佐木正治认为这项技术可以用于家用烹调，并说服日本早川公司（即夏普公司的前身）实践他的想法。1962 年，掀起人类烹饪革命的微波炉开始大规模生产。

食物的口味优化与营销：食物革新者霍华德·莫斯科维茨并非家喻户晓之人，但他对现代生活产生了巨大影响。他关于人们口味偏好的理论催生了品牌延伸，使得厂家开始生产同一产品的多种类型。莫斯科维茨首次提出市场划分的概念，为不同类型的消费者设计不同的产品体验。Prego 公司雇请他为产品提高销售额时，他注意到这个品牌试图尽量迎合所有的购买者。莫斯科维茨避开"一刀切"的销售模式，他将 Prego 的生产线从单一的意面酱延伸到多种生产线，通过区分多种消费者类型来满足不同购买者的需求，以此发展这个品牌。莫斯科维茨认识到，消费者希望与自己所购买的品牌产生认同感。所以说，他是食品工业的革新者，他影响了我们看待食物的方式，也影响了营销者看待我们的方式。

食物的保存

防止腐败的技术：食品防腐是一个古老的话题。在人类还没有化学合成食品防腐剂之前，人们已经找到了大量使食品保质期延长的办法，如高盐腌制、高糖蜜制、酸、酒、烟熏以及在水中、地下存放等。随着食品工业的发展，人们对食品防腐方法提出了更高的要求：操作更简单，保质期更长，防腐成本更低。因此，化学产品用于食品防腐的做法开始流行。早期的化学防腐主要有甲醛、硝酸盐类等高毒产品，之后人们又研究出苯甲酸、苯甲酸钠、脱氢醋酸钠、双乙酸钠等数十种各类化学合成食品防腐剂。防腐剂在食品中得到广泛使用，正是因为它能有效防止由微生物所引起的食品腐败变质现象，从而延长食品的保存期。

罐藏的技术：为了解决战争中食品保存的需要，罐头食品诞生了。19 世纪初，法国国王拿破仑为解决军队在作战时的食物供应问题，悬赏征求保存食品的方法。1804 年，巴黎的一位糖食师傅阿培尔经过多年的研究，发明了用玻璃瓶罐装加热并密封保藏食品的方法，并因此获得了奖金。1810 年，英国的彼特·杜兰德发明了镀锡薄板金属罐，同年，他在英国获得了用于包装罐头食物的玻璃容器和金属容器的专利。从 1820 年世界上第一个罐头食品厂建立开始，到形成罐头工业生产，至今已有两百年的历史。后来，钢铁工业和机械工业快速发展，为金属制罐工业的发展创造了有利条件，让制罐工业从落后的手工生产逐步转变到机械化生产。与此同时，由于罐头食品工业自身专业理论的不断深入研究，1864 年，路易·巴斯德发现食品的腐败是由微生物引起的，从而阐明了罐藏的原理，并制定出科学的罐头生产工艺，从而实现了罐头食品的规模化工业生产。

灭菌的技术：食品辐照（food irradiation），也称"食品照射"或"电离辐射灭菌"，意思是将食物暴露在游离辐射（ionizing radiation）下。这个过程可以灭除食物上的微生物、细菌、病毒或微小虫类，还能抑制发芽、延缓果实成熟、促进果汁生产、和增进再水合（re-hydration）等。灭菌原理是以电磁波辐射的能量破坏生物体中的 DNA 结构，使得微生物无法再继续繁殖，同时也能造成植物胚芽停止生长分化。

食物的未来

现代主义烹饪：奥古斯特·埃斯科菲发明了现代烹饪书，但纳森·梅尔霍德却完全改变了那本指南。这位前物理学家如今是分子美食家，他出版了《现代主义烹饪》，这本书有 2348 页。这是他将科学运用于烹饪的宣言书，里面满满的食谱并非在餐馆厨房里实践得出，而是从科学实验室里试验所得。梅尔霍德试着将创新的方法，如真空低温烹饪法和胶凝法用于烹饪食物。面对当今盛行的地道本土烹饪法，梅尔霍德反其道而行之；他将食物看作一种先锋前卫的中介，而非一个自然中介。从鹅肝糖果到六英尺长的意大利奶酪面条，梅尔霍德的新奇创造给未来愿意与食物一起玩创意的新一代厨师们奠定了基础。

人类未来的肉食：人造肉公司别样肉客（BeyondMeat）是最近几年来在美国食物运动中的明星，因为它正在改造实物的结构。别样肉客正在提供用植物蛋白合成的牛肉和鸡肉食品。尽管公开数字显示这家公司成立于 2009 年，但其实他们已经在植物蛋白合成的领域研究了 10 年了。在美国的有机食品超市全食超市中，别样肉客肉制品已经上架，尽管从外观、肉的口感甚至营养价值来看，这些"人造肉"都和正常的肉食无异，但你吃下的并不是肉，而是别样肉客种的豆子。目前，不少人把别样肉客当做是"素食者的肉"，但公司的创始人却不这么想——他想要把别样肉客做成"人类未来的肉食"。

只有营养的食物： Soylent 的营养粉包包装上，写着营养成分和百分比，一包是一天人类需要的营养供应量。Soylent 还附赠了一个冲粉用的壶，建议你一次冲好，然后放在冰箱里"备食"。这家公司的创始人鲍勃·莱茵哈特（Rob Rhinehart）认为，这些粉末才是未来普遍的人类要摄入的"真实"营养，没有额外的油和脂肪等杂质，而下馆子将会是一种奢侈。由于这种合成粉末的成本比普通食物成本要低，莱茵哈特还认为，Soylent 能够解决全球正在面临的食物短缺和饥饿问题。

食物接入物联网： RFID，是指使用无源（没有电源）或有源电子标签（集成电路）及带天线的读写器，辨认物体并将其情况或位置等相关数据传递到计算机的无线技术。射频识别电子标签，可携带从简短信息到复杂指令等多种数据。物联网普及，更多基于 RFID 建立的食品供应链管理系统和食品安全可追溯技术将越来越多。

虚拟现实与美食： 洛杉矶曾有一个叫做"充分营养项目"（Project Nourished）的实验项目，从 2014 年起，艺术家们探索如何通过视觉、嗅觉、听觉上的体验，将虚拟现实融入美食。"你可以吃任何想吃的东西，却不用后悔。"

食物生产的技术主要择优育种，而食物的制备和保存则更像是文化上的"改良"，不同地区还具有不同的表现形式。食物技术将领导食物走向它们该有的未来。

古代基因工程学：人造玉米

作者 | 汤姆·斯坦迪奇　　　　**译者 | 杨雅婷**

　　我曾见过人们对于园丁以奇妙的技巧创造出来的园艺作品表现出无比的惊奇，因为这些园丁从如此贫乏的材料中，创造出如此美好的成果；但是，这项艺术其实相当简单，而且，就最终的结果来考虑，人们几乎是不知不觉地遵循着它。其做法包括：总是栽培最有名的品种，播下它的种子，而当稍微好一点的品种碰巧出现时，便挑选它，继续以这种方式栽培下去。

　　　　　　　——查尔斯·达尔文，《物种起源》

驯化自然

　　有什么比一穗玉米更能体现大自然的慷慨赐予呢？只要用手轻轻一扭，便能干净利落地将它从茎上摘下。它里面饱含着美味而营养的玉米粒，比其他谷类的谷粒更大、更多。还有层层叶状外壳包裹，保护它不受害虫和湿气侵袭。玉米似乎是大自然的礼物，甚至包装好了才送到我们面前。然而，外表是会骗人的。一片耕耘过的玉米田，或种植其他任何作物的农田，其实就像微型芯片、杂志或导弹一样，都是人造的。尽管我们喜欢把耕作想成自然的事，但在 10000 年前，它却是个怪异的新发明。在石器时代的狩猎者眼中，那些耕耘平整、延伸到天际的农田，是一幅奇特而陌生的景象。经过耕植的土地，不仅是由生物组成的风景，也同样是由技术构成的风景。而在人类存在的大格局中，驯化农作物的能力其实是非常近期的发明。

　　现代人类的祖先大约在 450 万年前与猿猴分道扬镳，而"解剖学上的现代人"（anatomically modern humans），则出现于 15 万年前左右。这些早期的人类全都是狩猎者，靠在荒野中猎捕动物、采集植物为生。直到约 11000 年前，人类才开始刻意栽培或养殖食物。农牧在世界的好几个不同的地区出现，彼此并无关联；而它普遍为人们接受的时间，在近东地区是公元前 8500 年左右，在中国是公元前 7500 年左右，在中南美洲则是公元前 300 年左右。从这三个主要起点开始，农牧技术逐渐扩展至世界各地，成为人类生产粮食的首要方法。

　　对于一直以狩猎为基础、过着游牧生活的人类而言，农牧的产生确实是一场重大的变革。若将现代人出现以来的 15 万年比作一小时，那么，直到最后四分半钟，人类才开始实行农牧，而直到最后一分半钟，农业生产才成为维系人类生存的主要方式。人类从四处搜寻食物到农耕养殖，从自然获取食物到运用技术的转变，是近期突然出现的现象。

　　虽然许多其他动物都会采集并储存种子等食料，但只有人类才会刻意培育特定的作物，挑选并繁殖植物的某些优良性状。就如织工、木匠或铁匠一般，农民也创造出有用但并未出现在自然界的物品。他们的做法是运用改良过或驯化过的动植物，好让它们更符合人类的需要。
人类用细心打造的工具以全新的方式生产食物，产量远
远超过自然生长。其发展的重要性无论如何强调都不为过，
因为它们名副其实地使现代世界成为可能。特别是三种
驯化的植物——小麦、水稻和玉米——经事实证明是最
具重大意义的。它们为文明奠定基础，并支撑着人类社会，
直到今天。

古代基因工程学——人造玉米

玉米（maize），在美国通常被称为"corn"，是说
明驯化作物无疑是人类创作的最好实证。野生植物与驯
化植物之间的区别，并不是明确而固定的。相反地，植
物涵盖了整个连续变化的范围：从百分之百的野生植物，
到有些特征被修改过以配合人类需求的驯化植物，到完
全驯化、只能由人工种植的植物。玉米属于最后这个范畴，
它是人类培育的结果：人们让一连串偶发的基因突变代代
遗传下去，使它从一种简单的禾本科植物，转变成一种
奇异而巨大的突变体，再也无法生存于野外。玉米源自
"墨西哥类蜀黍"，原产于今墨西哥地区的一种野草。这
两种植物的外貌迥异，但结果证明，仅仅是几个基因突变，
便足以将其中一种转变成另一种。

墨西哥类蜀黍与玉米之间的明显差异之一，是前者的谷穗含有两排谷粒，谷粒有硬壳（又称"颖苞"）包覆，以保护内部可食的颗粒。这些颖苞的大小由单一的基因控制，现代遗传学家称之为 tga1，这个基因的突变造成谷粒外露。在大自然的安排下，由于谷粒很难完好无缺地穿过动物的消化道，这种突变的植株（相较于未突变者）在繁殖上屈居劣势。然而，对搜寻食物的人来说，由于不需要剥开外皮来食用，外露的谷粒让墨西哥类蜀黍更具吸引力。通过只采集有外露谷粒的变种植株，然后将其中一些谷粒当成种子播下，原始的农民可以提高有外露谷粒植株的种植比例。简言之，tga1 的突变使墨西哥类蜀黍较难在野外存活，但也让它们更能吸引人类，而后者会让这种突变遗传下去。（玉米的颖苞不断变薄变软，以至于到今天，它们就是包覆着每颗玉米粒的那层丝滑而透明的薄膜，只有当它们卡在你的牙缝间时，你才会注意到它们。）

墨西哥类蜀黍和玉米之间的另一个显著差异，在于这两种植物的整体结构，亦称构造（architecture）。构造决定了雄性与雌性生殖器官（即花序）的位置和数目。墨西哥类蜀黍的构造是高度分叉的，一株有好几支茎，每支茎上有一支雄花序和多支雌花序（也就是穗）。相对地，玉米只有一根茎且不分叉，顶端有一支雄花，而在茎的中部，有比类蜀黍数量少但个头更大的雌穗，包裹在叶状外壳中。玉米通常只长一支雌穗，但某些玉米品种可能会长两三支。这种构造上的改变，似乎是某个叫作 tb1 的基因发生突变的结果。从植物的观点来看，这个突变是桩坏事：它使受精（来自雄花的花粉必须设法降到雌穗上）变得更困难。但从人类的观点来看，这却是非常有益的突变，因为少量的大穗比多量的小穗更容易采集。于是，原始的农民更愿意从这种突变过的植株上摘取玉米穗。通过播下其谷粒当种子，人类让另一种突变遗传下去，最后形成一种生存力差但却更好的食物。

由于较接近地面，雌穗也更接近营养来源，因而可能长得更硕大。人类的挑选再一次引导了这个过程。当原始农民采集原始的玉米穗时，他们会偏好穗实较大的植株，而来自那些穗的玉米粒又会被用作种子。通过这种方式，较大的穗与较多谷粒的突变将被保留到后代，于是玉米穗一代比一代长得更大，最后变成玉米穗轴。我们可以在考古记录中清楚看到这个发展：在墨西哥的一座洞窟里，发现了一连串的玉米穗轴，其长度从 1 厘米到 20 厘米不等。这个吸引人类的特征，却使玉米在野外更难存活。长着一支大穗的植株无法年复一年地自行繁殖，因为当穗落到地上、谷粒发芽时，众多聚集在一处的谷粒会争相吸取土壤中的养分，结果全都无法生长。为了让植物生长，谷粒必须从穗轴上被取下，以足够的间隔分开种植，这项工作只有人类才做得到。简言之，随着玉米穗越长越大，这种植物最后必须完全依赖人类才能继续存在。

随着农民开始将受欢迎的性状复制到下一代植株上，这一挑选行为变得更为刻意。通过将花粉从某株玉米的雄花转移到另一株玉米的穗丝上，便可能创造出结合其亲代特性的新变种。这些新变种必须与其他变种分隔开来，以防止优良性状的消失。基因分析显示，某种特定类型的墨西哥类蜀黍，称为巴尔萨斯类蜀黍，最有可能是玉米的始祖。科学家进一步分析巴尔萨斯类蜀黍的地域变种，发现玉米最初是在墨西哥中部被驯化的，那是现今的格雷罗、墨西哥、米却肯等州交会之处。玉米从这里开始向外传播，最后成为全美洲各民族的主食：包括墨西哥的阿兹特克人和玛雅人、秘鲁的印加人，以及遍及北、中、南美洲的其他许多种族与文化的人。

但是，只有在进一步技术转折的帮助下，玉米才能成为人类的主要饮食支柱，因为它缺乏赖氨酸和色氨这两种氨基酸，以及维生素烟碱酸（维生素 B3），这些都是健全的人类饮食中不可或缺的要素。当玉米仅是众多粮食之一时，这些缺乏无关紧要，因为其他食物，诸如豆类和瓜类，可以补足人类所需的养分。但是，过度偏重食用玉米，将导致糙皮病，这是一种营养性疾病，主要症状包括反胃、皮肤粗糙、畏光和痴呆。（有人认为糙皮症所引起的畏光，可以解释欧洲吸血鬼神话的起源，这些神话出现在18世纪玉米被引进欧洲饮食之后。）幸运的是，通过以氢氧化钙处理玉米的做法，人们可以让它变得更有益健康：氢氧化钙存在于烧过的木灰和压碎的贝壳中，将其直接加入煮锅，或与水混合成碱性溶液，把玉米放入其中浸泡一整夜。这个过程有软化谷粒、使其容易烹调的效果，这很可能是人们一开始会这么做的原因。更重要但并不明显的是，这种做法也释出了氨基酸和烟碱酸，它们原本以一种"绑缚在一起"的形式（称为"结合烟酸"）存在于玉米中，无法为动物所利用。阿兹特克人把如此处理过的玉米粒叫作"nixtamal"（西班牙语，专指煮玉米），这个过程在今天被称为"灰化"（nixtamalization）。这种做法似乎早在公元前1500年就发展出来了；没有它，以玉米为基础的诸多伟大美洲文化将永远不可能建立。

　　上述的一切证明了玉米根本不是一种自然出现的食

物。有位现代科学家将它的发展形容成人类在驯化与基因改良上最了不起的功绩。它是一种复杂的技术，由人类世代相承地发展出来，直到玉米最终成为无法自行生存于荒野中，但却是可以提供足以维系整个文明的食物。

更方便的食物，更脆弱的植物

玉米只是最极端的实例之一。世界上另两种主要作物，小麦与水稻，分别支撑了近东和亚洲的文明。它们也是人类挑选过程（让受欢迎的突变遗传下去，以创造更方便且丰富的食物）的成果。正如玉米一般，小麦和水稻都属于谷类，而其野生与驯化形式之间的关键差异，在于驯化的变种是"防碎的"。谷粒附着在一支被称为"穗轴"的中央主茎上。野生的谷粒成熟时，穗轴会变得脆而易碎，如此一来，当它被风吹拂时，便会碎裂，撒下谷粒成为种子。从植物的观点来看，这样的安排是有道理的，因为它确保谷粒只有在成熟时才会散播。但在想要采集它们的人类看来，这却非常不方便。

然而，在小部分的植株中，由于发生某种基因突变，导致穗轴即使在种子成熟时也没有变脆。这叫作"硬轴"。对植物来说这个突变并不受欢迎，因为这会导致它们无法散播种子。但对采集野生谷粒的人类来说，这个突变却帮了大忙；结果，在人类所采集的谷食中，很可能大部分都是有硬轴的突变种。若其中一些谷粒被种下，成为次年收成的作物，这个硬轴突变便将遗传到下一代，而硬轴突变种的比例也将逐年增加。考古学家以小麦进行田野实验，证明这正是实际发生的情形。他们估计，大约在 200 年之内，具有防碎硬轴的植物便会取得优势，而这差不多就是（根据考古记录推断）小麦驯化所需的时间。（就玉米而言，其穗轴就是一支巨大的防碎轴。）

就像发生在玉米上的状况一样，在驯化过程中，原始的农民在小麦、水稻和其他谷类植物中挑选其他受欢迎的特征。一种发生在小麦上的突变，使包裹在每颗谷粒上的硬颖苞变得比较容易剥落，造成"自动脱粒"的变种。结果，个别的谷粒不像之前一样受到周全的保护，因此这种突变在荒野中是个坏消息，但它对农民却颇有帮助：由于这个突变，农民在打谷用的石质地面上拍打一束束割下的小麦后，可食的谷仁较容易与外壳分离。农民从地面摘取谷粒时，会略过小颗的谷粒和那些仍包覆着颖苞的谷粒，而选择不带颖苞的大谷粒，这促使对人类有帮助的突变能够代代相传。

另一个常见于多种驯化作物的特征是种子不再休眠，种子休眠（seed dormancy）是决定一颗种子何时发芽的自然定时机制。许多种子需要特定的刺激，如寒冷或光亮，才能开始生长，以确保它们只会在有利的情况下发芽。举例来说，那些一直处于休眠状态直到寒冷期结束的种子，便不会在秋天发芽，而会等到冬天过去。然而，农民通常会希望植物在播种后便立刻生长。很显然，如果在一堆种子当中，有些表现出休眠的特性，另一些没有，那些立刻开始生长的种子将更有机会被采集，成为下一季农作的基础。因此，任何抑制种子休眠的突变，都很有可能继续遗传下去。

同样，野生谷类发芽、成熟的时间各异。这确保无论在何种降雨模式下，至少部分谷株会长大成熟，为下个年度提供种子。然而，如果在一天内收割整片田地的话，农民更希望大部分谷株同时成熟。过熟或不熟的谷粒若在次年被当成种子播下，很难存活。结果，谷株在成熟时间上的差异将逐年减少，最后整片田地都会在同时成熟。从植物的观点来看，这种发展有害无益，因为这表示整批作物有可能全军覆没，但对农民来说却方便许多。

就水稻而言，人类的介入有助于繁衍受欢迎的特质，如较高大的植株（便于采收），以及更多分支和更大的谷粒（可以提高产量）。然而，驯化也使小麦和水稻更依赖人类的介入。举例来说，在农民的娇养下，水稻失去了在洪水中存活的本能。而且，因为有经过人类挑选的防碎轴，小麦和水稻变得更难自行繁衍。小麦、水稻和玉米这三种主要谷物，以及它们较次要的亲族，如大麦、黑麦、燕麦和粟米，其驯化过程有如多首变奏曲，全都围绕着我们所熟悉的同一个遗传主旋律：更方便的食物，更脆弱的植物。

同样的交换代价也发生于人类为进食而驯养的动物上：在公元前 8000 年左右的近东地区，绵羊和山羊开始被驯养，随即是牛和猪。（大约在同一时期，中国人也开始驯养猪，鸡则在公元前 6000 年左右被驯养于东南亚。）比起其野生的祖先，大多数被驯养的动物有较小的脑，视觉与听觉并不敏锐。这降低了它们在野外求生的能力，但却使它们变得更顺服，因而符合农民的需要。

人类越来越依赖他们所创造的新物种，新物种也越来越依赖人类。通过使粮食供应变得更可靠而丰富，农牧为新的生活形态与更为复杂的社会提供了基础。这些文化依赖各式各样的食物，但最重要的是谷物：近东的小麦和大麦，亚洲的水稻和粟米，以及美洲的玉米。随后在这些食物基础上兴起的文明，包括现代西方文明，都是拜上述基因工程的古老产品之赐，才得以存在。

神话里的真实

许多神话和传说都承认这份恩赐，在这些故事里，世界之创造以及文明之兴起（在长期的未开化状态后），都与这些重要作物紧密相连。举例来说，墨西哥的阿兹特克人相信，人类被创造了五次，每一次都比上一次更进步。据说在第三次和第四次创造中，墨西哥类蜀黍是人类的主食。最后，在第五次创造中，人类用玉米喂养自己。直到那时，人类才繁荣起来，子孙遍布世界。

位于墨西哥南部的玛雅文化，其创世故事记述在《波波乌》（*Popol Vuh*，即"圣书"）里，书中也提到众神屡次试图创造人类的努力。起初，众神用泥巴塑人，但是，这样做出来的生物几乎看不见东西，又完全不能动，所以很快就被冲洗掉了。于是众神再试一次，这回用木头来造人。这些造物能以四肢爬行，也能说话，但他们缺乏血液和灵魂，而且不懂得崇敬神祇。众神再度摧毁了这些人，只留下几只栖居在树上的猴子。最后，关于如何选择适当的原料，众神进行了冗长的讨论，决定用白穗和黄穗的玉米制造第三代人类："他们用黄玉米和白玉米做他们的肉，用玉米面团做人的四肢。只有玉米面团进入了我们四位先父的肉体，赐予了他们生命。"玛雅人相信自己是这四个男人及其妻子（随后被创造出来）的后裔。

玉米也出现在南美洲印加人用来解释其起源的故事中。据说，在远古时代，住在的的喀喀湖（Lake Titicaca）四周的人像野兽般地活着。太阳神印蒂（Inti）怜悯他们，于是派遣其儿女曼科·卡帕克（Manco Capac）和玛玛·奥克略（Mama Ocllo）（他们也是夫妻）来教化他们。印蒂给曼科·卡帕克一支金色的棍子，用来测试土壤是否肥沃、适不适合种植玉米。一旦发现合适的地方，他们便应建立一个国家，并教导人民以正确的仪式崇拜太阳神。这对夫妻的旅程最后将他们带到库斯科谷地（Cuzco Valley），在那里，金色的棍子完全消失于土中。曼科·卡帕克教导人民从事农耕和灌溉，玛玛·奥克略教他们纺织，于是这片谷地成为印加文明的中心。尽管马铃薯也在其饮食中占一大部分，印加人依然视玉米为神圣的作物。

在种植水稻的国家，稻米也出现在无数的神话中。在中国神话里，稻米在人类濒临饿死之际拯救了他们。在其中一个故事中，观音菩萨怜悯挨饿的人民，因而从自己的乳房挤出乳汁；乳汁流入原本空无一物的稻穗中，成为谷粒。接着她更用力挤压，让血与乳的混合汁液流入某些稻株中。据说，这便是有红、白两种稻谷的原因。另一个中国传说讲述在一次大洪水过后，只有极少数的动物存留下来可供猎捕。当人们寻找食物时，看见一只狗走向他们，尾巴上挂着好几束长长的黄色种子。他们种下那些种子，种子长成稻谷，永远消除了他们的饥饿。还有另一系列的稻米神话，流传于印度尼西亚与中南半岛周围诸岛。在这些神话中，水稻以一位纤弱而贞洁的姑娘的形象出现。印度尼西亚的稻谷女神丝莉（Sri），是保护人民免受饥饿的大地女神。有个故事叙述，其他神祇杀死了丝莉，以保护她不受众神之王巴塔拉古鲁（Batara Guru）玷辱。当她的遗体被埋葬时，稻子从她的眼睛中抽芽，糯米也从她的胸口长出。满心痛悔的巴塔拉古鲁将这些作物赐给人类栽植。

居住在现今伊拉克南部的古代苏美人，也讲述创世和文明兴起的故事。这个故事提到天神阿努（Anu）创造世界后的一段时期：当时有人类存在，但农牧仍不为人知。谷物女神阿胥娜（Ashnan）和绵羊女神拉哈尔（Lahar）尚未出现；工匠的守护神塔格拓格（Tagtug）尚未出生；灌溉之神米尔苏（Mirsu）和牛群之神苏穆干（Sumugan）也还没来帮助人类。结果，"备受珍爱的民众还不知道有谷物和大麦"，人们只吃草、喝水。接着，谷物与牲，畜女神被创造出来，以便为众神提供食物。但众神无论吃多少都吃不饱。只有当开化的人类出现，定期供奉食物给众神，众神的胃口才终于得到满足。因此，驯化的作物和动物是人类收到的礼物，这项礼物也赋予人类定期供奉食物给众神的义务。这个故事保存了先民对于尚未实行农牧时期的记忆，当时人类仍需四处搜寻食物维生。同样，有一首对谷物女神唱的苏美颂歌，描述城市、农田、羊栏、牛棚出现之前的野蛮时代——这个时代结束于谷物女神揭开新的文明纪元之时。

对于植物与动物驯化的基因基础，当代所提出的解释其实只是这些来自世界各地、彼此极为相似的古老创世神话的现代科学版本。如今我们会说，放弃狩猎生活，驯养动物并驯化植物，以及实行以农牧为基础的定居生活形态，让人类走上迈向现代世界的道路；而那些最早期的农民，则是首先"开化"的现代人类。无可否认，这种解释不如各式各样的创世神话来得多彩多姿。然而，鉴于某些主要谷类作物之驯化是迈向文明兴起的关键步骤，这些古老的故事所包含的绝不只是一点点事实而已。

　　本文节选自《舌尖上的历史：食物、世界大事件与人类文明的起源》（中信出版社2014年7月版），汤姆·斯坦迪奇著，杨雅婷译，由中信出版社授权发布。

汤姆·斯坦迪奇
（Tom Standage）

专栏作家、BBC 时事评论员、《经济学人》数字编辑，曾任《经济学人》商业编辑、科技编辑和科学记者。

美食打印：来自 22 世纪的味道

作者 | A. J. 雅各布斯　　　　　**译者** | 萧傲然

　　3D 打印的概念现在大行其道。它能否拯救世界？还是会被用来成批打印 AK-47 最终毁灭世界？又或者，这只是一台制作廉价塑料小把戏的机器，只不过被人们吹得神乎其神了而已？对此，我决定亲自刨根问底，以下便是我的计划：首先完全进入 3D 打印的世界，即整整一周的时间内完全只使用 3D 打印出来的物品——牙刷、家具、自行车，维生素片等等——以此作为判断这项技术优劣的依据。

　　霍得·利普森（Hod Lipson）是康纳尔大学的一名工程教授，同时也是全美国顶尖的 3D 打印专家之一。我与他见面并提出了自己的计划。在他看来，这是个挺不错的想法。大概需花费五万美元左右的成本。

　　看起来我最好采用备用计划了，除非我能 3D 打印几个法贝热彩蛋[1]赝品拿到黑市上去卖了换钱。

所以，我最终决定采用 3D 打印技术打印食物。首先得打印盘子、叉子、餐具垫、餐巾纸、蜡烛台——当然了，肯定还得打印食物。没错，美食照样可以打印出来。利普森先生认为打印食物应该会成为这项技术最受欢迎的应用（这点会在后文谈到）。

我想使用 3D 打印技术为我妻子呈现一次终极高科技的浪漫晚宴。有个损友建议说，等浪漫晚宴结束后，我们可以雇一家曼哈顿的公司，专门扫描并制作人体私处的 3D 模型。不过这点节操我还是有的。

实际上，这顿晚宴是我有史以来最耗费精力的一次，但确实也让我尝到了未来的滋味，既有乌托邦的味道，也有点反乌托邦的味道。

打印物品的形状任君挑选。使用一种特殊的软件，便可以在电脑上设计出任何物体——比如说，有两个把手的咖啡杯——随后将文件导入 3D 打印机。等上个把小时，看着打印机喷头来来回回，喷洒出一层层融化

---

[1]　法贝热彩蛋（Fabergé eggs）指俄国著名珠宝首饰工匠彼得·卡尔·法贝热制作的类似蛋的作品，这些蛋雕由珍贵的金属或坚硬的石头混合珐琅与宝石来装饰。"法贝热彩蛋"后来也成为奢侈品的代名词，并且被认为是珠宝艺术的经典之作。

后的塑料——然后，铛铛——您的双把杯就好了。此外，还有其他使用金属、生物组织、陶瓷以及食物的打印机。

对于 3D 打印的拥趸来说，这将是制造领域的一场革命，将使生产彻底大众化。正如互联网让我们所有人都成了宅在家里的古腾堡（德国活版印刷发明人），只需鼠标轻轻一点便能将作品发给成千上万的读者。而借助于 3D 打印，我们将摇身一变成为亨利·福特（汽车品牌创始人）、拉夫·劳伦（服装品牌创始人）和丹尼尔·布鲁（国际大厨）。在未来，如果你想要为晚上的派对准备一双新鞋，先放入一个尼龙材料的墨盒，挑选好心仪的款式，按下按钮便能很快到手了。

当然，掀起革命的阶段还远未到来，至少对于家庭用户来说还差得远。行业顾问公司 Wohlers Associates 的泰瑞·沃勒斯（Terry Wohlers）说，目前日用 3D 打印机仅仅售出了 68000 台。大部分家庭用户都是爱好者，而且技术极客的比例仍然很高。价值高达 22 亿美元的 3D 打印市场绝大多数仍然是工业用户。

食物打印目前只是少数现象，仅限于科技展会、大学以及屈指可数的几名巧克力爱好者。当然也包括我，但愿如此。不过，在我大展厨艺之前，首先得把盘子与餐具准备妥当。

我购买了一台 Cube 牌的 3D 打印机，这应该是我最大号的家用电器了。乍看上去像是一台配备了 MacBook 的缝纫机。价格可不便宜：1299 美元，而且每一盒塑料材质墨盒都标价 49 美元。我用笔记本下载了设计软件，然后画出了一把叉子。接着按下按键，20 分钟后，这把"叉子"就从打印机里出来了。这是一把有点倾向一边、厚厚的、浑身氖灯绿的叉子，末端是四根尖尖的叉。像是黑猩猩用来掏白蚁的玩意儿。

接下来我又尝试了五六次，都不怎么顺利。打印了一个漏水的杯子，一个盒盖打不开的制冰盒，还有一把勺子，总是让我想起萨尔瓦多·达利那幅作品：融化的时钟。我妻子朱莉将我的餐具抽屉叫做"失败餐具之岛"。

但我得说两句，3D 打印本身就是件极其困难的事情——大多数提倡者都会忽略这个事实。许多方面都可能出错：喷头堵塞、机器过热、印版倾斜等等。事实上，像"经典 3D 打印失误集萃"（Epic 3D Printing Fail）等网站便展示了许多 3D 打印过程出错的搞笑图片——其中有一个盒子看上去简直就像是弗兰克·盖里[①]喝醉酒后脑

[①] 弗兰克·盖里（Frank Owen Gehry）是美国知名后现代主义及解构主义建筑师，著名的作品包括钛金属打造的西班牙毕尔鄂古根海姆美术馆、洛杉矶闹市区的迪士尼音乐厅、西雅图的体验音乐馆、捷克共和国的跳舞的房子等。

中的产物。

　　另外，打印的速度也慢得令人发指。打印一个茶杯就需要四个小时，而且其间还会持续不断地嗡嗡作响。有一次我准备给我儿子的大富翁桌游做个备用骰子，竟耗费了我足足一天的时间。多亏他告诉我亚马逊有一键速递（one-click）的服务。

　　话虽如此，经过多次练习后，打印效果还是得到了改善。我特别喜欢自己打印的玻璃酒杯，锥形体的形状。这下子我彻底迷上了这个设计软件，一天到晚不是在上面压缩球体就是在掏空圆柱。另外，我还下载了几百种免费公开的设计图形（可惜我妻子不允许我给她打印一对俄罗斯方块形状的耳饰）。

　　每当成功打印出某件物品后，我都发现自己有些飘飘然：没错，这是我创造的餐巾圈！什么我都能创造出来！我就是上帝，亲手创造了一个由亮蓝色塑料构成的宇宙！

　　这种创造的能力会让人变得狂妄自大。你是不是认为自从 Facebook 出现以来，美国人有点自拍过头了？那你可千万别被未来的自拍雕塑给吓着了。在纽约诺荷区，由 Makerbot 公司经营的一家 3D 打印机店里，可以进行头部 3D 扫描（四部相机从不同角度同时拍摄）。我让七岁大的儿子进行了一次扫描，然后打印出了一个拳头大小、橘黄色塑料泡沫构成的他的复刻版。拿回家后，我们在儿子头部雕塑的顶部开了个口子，改装成了一个盐罐。

如果要让自己的工作台显得正儿八百的话，还得靠专家。我于是询问利普森先生看能不能聘请他和团队来协助我。

有博士学位的人就是不一样。他们很快发回了餐具的设计图——一把叉子以及一把花边螺旋钢材质的勺子。我对工程师们说我妻子喜欢意大利风格的餐具，于是他们便发来了意大利风格的设计。一个罗马柱风格的酒杯，上面带有科林斯式的曲线；一个类似威尼斯小划船船杆的烛台，上面装饰着牡丹花图案——这是朱莉最喜欢的花。

我把图片给我妻子看后，她顿了顿。"我觉得有点儿太意大利了吧，"她说道，"因为我们俩的想法不同。你想要的是只能通过 3D 打印制作出的特殊玩意儿，而我想要的是耐用的日用品。"通过纽约一家名叫 Shapeways 的公司，利普森先生为我打印了大部分的餐具，那里配备有模样新潮先进的 3D 打印机，能够打印金属与陶瓷材质的物体。当然，这样的设备自然价格不菲。比如打印我那把叉子的花费就是 50 美元。

我买不起一件 3D 打印的晚礼服，但利普森先生建议我可以打印一条领带。"看上去就像是件锁子甲，"他说，"我可不想一鼻子碰上去。但看上去挺像回事的。"几周过后，领带到了：完全由尼龙圈环环相扣而成。我一直不太会系领带，所以我打得很松很低，好像是个几杯伏特加汤力下肚后的一个银行职员的模样。

美食之日终于到来了。我那台 Cube 只能打印塑料，对食物无可奈何，因此只能让技术团队来帮忙了。

中午的时候，杰佛里·I. 利普顿（Jeffrey I. Lipton）——一位 25 岁的康奈尔大学工程学博士生——到了我家，卸下了好几箱家伙什儿。有一台空气压缩机、塑料管、盛满了黄原胶的瓶子，还有瓶食物增稠剂。我们的厨房台面很快就被一台体型巨大的 3D 打印机给占据了，这家伙以前曾被用来做其他方面的实验，比如为医疗培训打印人造的臀部肌肉。

"别担心，"利普顿先生说道，"已经洗干净了。"

利普顿先生认为 3D 打印机必将成为史上最强大的厨房利器。食物的形状、搭配、味道与色泽都任君挑选。试想下这对父母都意味着什么，他说道。"如果将西兰花做成一辆兰博基尼的模样，还会有哪个男孩不愿意吃呢？"

而作为 3D 打印技术最狂热的支持者，NASA 有着更

加大胆的想法。他们向一家得克萨斯的公司拨了125000
美元用于研究供航天员食用的3D打印食品。这样的好处
在于，仅仅用太空中存储种类受限的原材料便可制作出
各式各样的美食。

　　还有人提到在食物中加入药品。在利普顿所著的《无
中生有》（Fabricated）一书中，他提出了所谓的数字驱
动餐食（digitally driven dinners）的设想，即打印机可根
据你身体实时的数据，为你量身打造一份含有你最为急
需营养元素的千层饼，比如特别富含蛋白质或维生素A
的定制食品。

　　垃圾食品制造商希望3D打印能使他们以全新、健康
的方式重新组合盐、糖和脂肪。动物权益保护者则希望
3D打印机能够使用实验室培养的猪干细胞生产猪排。而
理想主义者则认为这项技术将最终消灭饥饿。那么，到
底有没有希望呢？我们可以向发展中国家更多地捐赠粉
状的食物，然后就地打印成各种各样的食品。一群来自
荷兰的研究者正在致力于开发基于藻类与昆虫蛋白的廉
价基底。

　　利普森先生手下的工程师们曾在2009年开展过关于
食物打印的实验，并使用明胶与调味品制作出了人造零食。
最终成型的食物块（注入了香蕉与香草成分）由研究生

志愿者进行了抽样。但实验未受到欢迎。"我们遭受到了广泛的批评，"利普顿先生说，"他们说我们简直是《超世纪谍杀案》①的现实版。"

而现在，他的实验室选择将纯天然健康食材碾压成可以用作打印墨水的糊状。为了在我妻子的口味以及实验室本身的科学限制间获得平衡，我的菜谱花了数周时间才定下来。"我们需要的是加工后的食品，"利普顿先生说，"比如乳蛋饼或是烤肉饼，而不是沙拉或是牛排。"

而我们最后选择的是什么呢？披萨、茄子、玉米面和意式奶酪。

披萨将会做成意大利的形状，还原这个国家的地形，最后以中间的亚平宁山脉结束。

利普顿先生在他的笔记本上输入了一些指令（比如将气压设定为 20psi）。紧接着，长管子里开始挤出披萨面团。

---

① 《超世纪谍杀案》（*Soylent Green*）是一部 1973 年发行的美国反乌托邦科幻电影，内容根据 1966 年的科幻小说 *Make Room! Make Room!* 改编，描绘了一个由于全球暖化和人口过剩导致资源枯竭的未来世界。真实的蔬菜水果变成极为昂贵的奢侈品，大多数人都依靠食用由大豆（soy）和扁豆（lentil）制成的"soylent"饼片度日。

番茄酱（加入了黄原胶以增强其粘稠度）算是比较挑战性的部分。"这些牛至片实在是烦死人了。"利普顿先生说着叹了口气，一边仍在输入气压的设定数值。牛至片堵住了管道的喷嘴，引得"意大利北部的维苏威火山"（得名于某位旁观者）爆发了红色酱汁。

挤压出奶酪后，便可以开始烘烤披萨了。未来的 3D 打印机很有可能会使用激光来烤熟食物，而利普顿先生则选择了更为传统的方式：炉子。

二十分钟后，意大利形状的披萨便出炉了，或许说它更像是意大利再带上一点海岸水域更为贴切（因为面团会升温膨胀，结果将其边界扩大了）。

我和妻子各取了一块披萨放在 3D 打印的盘子里，然后使用 3D 打印的叉子切了一小块下来。随后，我们用 3D 打印的酒杯碰杯，一个 3D 打印的橡胶塑料制成的音箱里播放着辛纳特拉的歌声（然而音质较为模糊）。

我们各自尝了一口，不由得露出一副眉飞色舞的神情，这简直就是来自 22 世纪的味道。事实上，它尝上去就是非 3D 打印披萨的味道，只不过稍微有嚼劲了一些。虽然咽下去后我并没有被传送至进取号星舰的全息传送平台上，但吃起来还是很美味的。而在我妻子看来，它简直可以与帕奇披萨店的味道相媲美，这可算得上是极大的褒奖了。

"实际上，我们发现人们对于全新的味觉感受十分警惕，"利普顿先生告诉我说，"人类天生就对陌生的味道存在恐惧，因此我们尽量选择人们熟知的味道。"

继续制作高热量食物。接下来，我们打印出了用玉米制成的面条，形状是我们名字首字母的模样。只见面条蠕动着从喷嘴里一点一点弯弯扭扭地挤出来，像是小号的米色弹簧玩具。吃起来则有点类似意大利天使面，不过口感要更精致一些。

至于配菜，则是一道"弗兰肯斯坦"食品：一团齿轮形状的、3D 打印出来的南瓜茄子泥（这样的设计看上去有一股机械风格）。这道菜主要为了展示 3D 打印的潜力，即利用各类食材整合成一道菜的能力——无论是蔬菜、肉类、水果还是坚果。这样就能开创出花样百出的菜式，比如这道茄南瓜，或者也可以叫南瓜茄。不幸的是茄南瓜的口感有些太黏了，所以我和妻子只吃了一半。

甜点是意式奶冻。我们原计划在甜点里隐藏一个同样由 3D 打印出来的信息，将奶冻从中切成两半后，便可在蓝色奶油中看见"NYC"（纽约市）三个字母。（实验室曾经做过类似的实验，那次他们在饼干了偷偷打印了一个字母 C。）

　　利普顿先生将部分奶冻染成了蓝色，然而这部分蓝色奶冻却一直没有从管道里出来。"看来是不管用了。"检查了设备后，利普顿先生如是说。为了将隐藏其中的字母注射进去，我们还需要另外一根空压管，不过被利普顿先生忘在康奈尔大学的实验室里了。于是，我们只能（再次）将食物做成名字首字母的形状。成品口感顺滑，味道很淡，只不过花押字体的名字首字母让我们觉得自己像极了特朗普的做派。

　　由于在技术上出现了失误，我们这顿饭吃了很久——至少按照年轻父母的标准来看算是很久了。直到晚上 11点，利普顿先生才开始收拾起他的设备。

　　在与 3D 打印技术朝夕相处数周后，我坚信这项技术定能以超乎我们想象的方式改变这个世界。对于消费者来说，很多改变也许难以察觉或是显得微不足道。然而工程师已经能够预见未来使用 3D 打印出能显著降低燃油消耗的轻量化飞机了，而由此节省下来的费用也必然会带来乘客机票价格的降低（但愿早日实现）。正如利普顿先生所说，我们正处在一场"寂静的变革"当中。

　　不过，我们的居所与厨房能否也迎来变革呢？ 3D 打印机能否像个人电脑那样改变我们的生活呢？这一切仍然是未知数。

　　这其中有两股力量在角力：其一是我们喜爱那些为我们的奇异念头量身打造的物件，它们能给我们带来自我满足；其二便是我们天生的惰性。试问，如果回家时便能顺路买到一个足尊牛堡，我们还愿不愿意耗费精力用黄瓜片去打印一个六边形的鸵鸟肉汉堡呢（更别提之后还要去清洗打印机了）？我是名技术乐观主义者，所以我希望第一股力量胜利。

　　同时，我还得好好回顾一下我人生中这顿最为奇特也是最难忘的晚餐。对了，这还算上了有次我吃过的全素牛下水宴。

A. J. 雅各布斯（A. J. Jacobs）　｜　美国纽约编辑、作家。常用自己的方式探索着我们这个时代的各种问题——幸福、婚姻、伦理。

执行策划:

不知知(炸鸡:100% 满足脆皮之欲)

不知知(咖啡:三分钟造梦机器)

不知知(日本料理:家庭料理之心)

荣 妍(意大利面:面与酱的繁文缛节)

纪宇彪(食物技术革新:从古早到未来)

微信公众号:离线(theoffline)

微博:@ 离线 offline

知乎:离线

网站:the-offline.com

联系我们:AI@the-offline.com